COURS COMPLET DE CHYMIE

ECONOMIQUE, PRATIQUE,

SUR la Manipulation & la Fermentation des VINS,

DIVISÉ PAR LEÇONS:

AVEC le Décret de la Faculté de Médecine de Paris;

ET les Approbations ou Atteſtations préciſes de toutes les Provinces de Vignobles; & notamment celles de M. BERTIN, Miniſtre d'État; de M. de la GALAISIERE, Intendant d'Alſace; & de M. MARET, Secrétaire perpétuel de l'Académie de Bourgogne.

A l'uſage & à la portée de tous les Pays Vignobles du Royaume.

Par M. MAUPIN, Auteur de l'Art des Vins, & de la ſeule Richeſſe du Peuple.

A PARIS,

Chez MUSIER, Libraire, rue du Foin-St.-Jacques.

M. DCC. LXXIX.

Avec Approbation, & Permiſſion.

DISCOURS

PRÉLIMINAIRE.

Où finit l'Art de la Vigne, en commence un autre, dont le but n'eſt pas de faire croître la denrée, de la cultiver & de la multiplier; mais de la façonner, & de lui donner une plus grande valeur. Cet art eſt celui des Vins.

Ces deux arts différent eſſentiellement dans leurs principes, dans leur maniere & dans leur objet.

Le premier appartient à la phyſique rurale, ou autrement dit, à l'agriculture, & eſt le premier de ſes arts, après celui des bleds.

Le ſecond eſt un art purement chymique, & peut ſe regarder, en France, comme le plus important des arts de la Chymie, non ſeulement par ſon influence ſur la ſeconde partie denotre agriculture, & la premiere branche de notre commerce, mais encore par ſon rapport avec la ſanté & la conſervation des hommes.

Si, faute de cet art, les vins ſont foibles, de petite qualité, ou mauvais, ils ſeront mal vendus, & nos Pays de vignobles ſeront dans la détreſſe, ſur-tout dans les années abondantes. La culture des vignes n'en ſouffrira peut-être pas, mais ce ſera les Cultivateurs, c'eſt-à-dire, ce que nous avons de plus cher dans la culture.

Si nos vins ne ſe vendent pas, ou ſe vendent mal, ce ne ſera pas ſeulement notre agriculture qui en ſouffrira; ce ſera encore le commerce & le Commerçant, car l'intérêt du Commerçant eſt de vendre beaucoup, & de vendre bien. Or, en général, on vend toujours peu & mal une mauvaiſe denrée.

Si nos vins ſont ſans chaleur &, en outre, verds & mordans, comme il n'arrive que trop ſouvent, ils nuiront eſſentiellement à la ſanté & à la conſervation d'une portion conſidérable de la nation. Ce ſera un fléau public, qui ſera d'autant plus grand, que les vins ſeront plus communs.

Tout ceci ſera un peu plus développé dans la ſuite; mais, par le peu que je viens d'expoſer, il eſt facile, ce me ſemble, de juger de la prééminence que doit tenir l'Art des Vins parmi les arts qui compoſent la Chymie.

Quand je me ſuis appliqué à la découverte de cet art, il étoit encore dans l'enfance, ou plutôt il n'y en avoit pas.

A la vérité, on faisoit du Vin, & on enseignoit même à le faire; mais tout cela, sans principes & par pure routine: l'Art des Vins n'existoit donc pas. Il n'existe pas même encore; du moins, si l'on en croit M. l'Abbé Rosier (1), qui pourtant enseigne cet art, quoiqu'il ait la modestie ou la franchise d'avouer que, lui-même en est encore à la croix de Jesus, ou autrement dit, qu'il n'en sait rien.

Je ne disputerai point dans ce moment contre M. l'Abbé Rosier; mais toujours est-il certain, dans le fait, que l'Art des Vins n'existoit pas, puisqu'il n'avoit ni théorie, ni méthode, & que, s'il en avoit, il n'en avoit que de vicieuses, sinon dans tous les points, au moins dans le plus grand nombre.

On peut en juger par la comparaison de ce qui se pratique, avec les principes & la maniere d'opérer que j'ai déjà publiés dans mes précédens ouvrages; mais on en jugera encore mieux par la théorie & la pratique, que j'exposerai dans le cours des leçons que je commence, & que je

(1) Observations de Physique, Journal de Mars 1775, pag. 289.

continuerai ſur toutes les parties de l'Art, ſi le Public me témoigne le deſirer.

On y verra que par-tout, ſans exception, on fait mal les vins, ou du moins qu'on ne les fait pas bien, & que par-tout ils doivent être façonnés ſur d'autres principes de chymie ou de convention, que ceux qui ont été enſeignés ou ſuivis juſqu'à préſent.

On y verra, & c'eſt l'objet de la premiere leçon, qu'en général on ne doit point égrapper les raiſins, & que c'eſt à tort que tous nos Auteurs l'enſeignent.

On y verra que le foulage, le parfait foulage de la vendange, totalement négligé, & preſqu'entiérement oublié dans tous les ouvrages qui traitent de l'art des vins, eſt pourtant la partie fondamentale de cet art, & non moins eſſentielle en tout point, que la fermentation même.

On y verra que la plus grande partie des principes qu'on a donnés juſqu'à préſent ſur la fermentation du Vin, ſont inſuffiſans, & que cette matiere eſt abſolument toute neuve, & d'autant plus difficile à éclaircir, que, dans le très-petit nombre de principes qui en compoſent aujourd'hui toute la théorie, il y en a peut-être beaucoup plus de faux que de vrais.

On y verra que tous les principes & les différentes pratiques que j'y donnerai, ſont appuyés ſur des expériences préciſes, multipliées, univerſelles & exécutées, à l'égard de quelques-unes, ſous les yeux mêmes du Gouvernement & de l'Adminiſtration.

On y verra enfin, qu'en ſe conformant exactement aux procédés que je donnerai, les Vins ſeront par-tout infiniment meilleurs, moins verds, plus ſalubres, plus agréables, plus durables & plus commerçables qu'ils ne l'ont été par le paſſé.

Tous ces grands effets de mes procédés ſont certains, & déjà démontrés dans toutes les Provinces du Royaume, & même hors du Royaume, par une foule de faits ſur leſquels l'inbienveillance la moins retenue (qu'on me paſſe le terme), ne pourra répandre le moindre doute.

Il me ſeroit impoſſible de les citer tous ici, ni même ailleurs; ils ſont en trop grand nombre, & c'eſt pourquoi je vais me borner à en préſenter quelques-uns des principaux & des plus authentiques.

En 1771 & 1772, j'ai exécuté mes procédés par ordre, & ſous les yeux du Gouvernement.

En 1774 je les ai exécutés en Lorraine, en préſence & ſur les vins de M. de la

Galaiſiere, aujourd'hui Intendant d'Alſace, lequel, ainſi que M. Bertin, n'a ceſſé depuis d'atteſter l'excellence de ces procédés & de leurs effets.

Or, ces effets, dans les expériences dont je viens de parler, ont été d'emporter une grande partie de l'acidité ou de la verdeur des Vins, & d'en augmenter de beaucoup la durée & la valeur vénale; ces effets ont été conſtatés, & ſont certifiés.

Et puiſque mes procédés ont la propriété d'améliorer les Vins & d'en prolonger de beaucoup la durée, mes procédés peuvent donc auſſi améliorer & conſerver les récoltes dans les années, où, comme en 1775 & beaucoup d'autres, les récoltes ſeroient de la plus petite qualité, & ne pourroient ſe conſerver.

L'un ſuit de l'autre, & c'eſt ce qui eſt encore prouvé par des faits précis dans la Bourgogne, la Franche-Comté, & ailleurs. M. Maret, Secrétaire perpétuel de l'Académie de Dijon, a eu, de lui-même, l'honnêteté, peut-être trop rare parmi les Savans, d'informer ſa Province de l'épreuve perſonnelle qu'il en avoit faite en 1775. Je rapporterai ſa Lettre à la fin de de ce Diſcours, ainſi que le Décret de la Faculté de Médecine, & les Atteſtations de M. Bertin & de M. l'Intendant d'Alſace.

Ainsi mes procédés, s'ils étoient universellement suivis dans la Bourgogne, dans le Languedoc, la Provence, & dans toutes les Provinces de vignobles, seroient une richesse pour toutes ces provinces, puisque, dans tous les temps, ils en amélioreroient les Vins, & leur donneroient plus de valeur; & que, dans certaines années, ils préviendroient la dépravation & la perte des récoltes.

Ils seroient une richesse pour les grands Propriétaires qui, dans les années abondantes, pourroient conserver leurs Vins; & pour les pauvres Propriétaires ou Vignerons qui, étant délivrés dans ces sortes d'années de la concurrence des Riches, en vendroient mieux leurs Vins, & ne seroient pas forcés, comme ils le sont, de les donner à tout prix.

Ils seroient un accroissement de richesse pour le commerce & les finances, parce que les bons Vins se vendent mieux, & plus facilement que s'ils étoient mauvais; parce que les Vins se conservant mieux, il y en auroit beaucoup moins de perdus; parce que, dans certaines années, ou par une cause, ou par une autre, nous n'avons point de Vins à vendre à l'Etranger, nous en aurions.

Ils seroient utiles au consommateur,

parce que pouvant, au moyen de la réſerve des grands Propriétaires, reverſer les Vins d'une année abondante ſur celles qui ne le ſont pas, le prix en ſeroit plus généralement aſſorti & plus proportionné aux facultés du commun des conſommateurs & des grands conſommateurs.

Mais le point de vue ſous lequel ils ſeroient ſingulièrement utiles au conſommateur & au pauvre conſommateur, ce ſeroit en ce que la ſomme des mauvais Vins étant infiniment moins conſidérable qu'à préſent, le peuple auroit une beaucoup meilleure boiſſon, & ne ſeroit point, comme aujourd'hui, obligé de s'abreuver de mauvais vins; de vins verds, de vins gâtés, de vins malfaiſans, bien plus propres à avancer la fin de ſes jours, qu'à les égayer & à les conſerver.

Je ne fais qu'effleurer ici les avantages immenſes que pourroit produire l'Art des Vins, s'il étoit plus éclairé; mais je crois en avoir dit aſſez pour tous les hommes capables de réfléchir ſur leurs propres intérêts, ou ſur ceux des autres.

Je parle avec confiance, parce que mes ſuccès, j'oſe le dire, me donnent droit à celle du Public, & qu'il n'eſt pas poſſible que ces ſuccès ſoient vrais, & que les avantages que je viens de préſenter ſoient faux.

Mais si ces succès sont certains & connus, comme ils le sont, puisque dès 1772 ils ont été annoncés & répandus dans tous les Dioceses de France par ordre du Gouvernement, & qu'en 1773 ils ont été rappellés de nouveau dans un Ouvrage imprimé aux frais du Roi & ensuite distribué, comment un Auteur aussi droit, aussi franc que l'est M. l'Abbé Rosier (je puis le dire, car il l'a prouvé), comment ce Journaliste a-t-il pu dire, en 1775, que l'Art des Vins n'existoit pas encore? Comment, dans ce moment, ne puis-je peut-être pas compter dans le Royaume sur plus de trois mille personnes qui exécutent mes procédés? J'en imagine bien une raison; mais, dans un siécle qu'on dit être aussi éclairé que le nôtre, tous les hommes en seroient-ils donc réduits à ne voir que par les yeux de quelques-uns, ou ne daigneroient-ils plus se donner la peine de voir des leurs propres, dès qu'il s'agit de leurs plus grands intérêts, & de ceux de toute la société?

Quels intérêts plus grands, en effet, que ceux des récoltes? Et pourtant, il faut l'avouer, quels intérêts plus généralement & plus universellement négligés que ceux des récoltes?

Peut-être, à la vérité, l'insuffisance &

la forme d'inſtructions uſitées juſqu'à préſent en ſont-elles, en grande partie, la cauſe.

Tous les hommes ſont attachés à leurs uſages; mais ils le ſont ſur-tout dans tous les arts qui appartiennent ou qui tiennent à l'économie rurale.

Ce ne ſont pas ſeulement les hommes groſſiers, qui exercent ces arts, qui en affectionnent les pratiques; ce ſont ceux mêmes qui mettent ces hommes en œuvre.

Il eſt vrai que, dans le plus grand nombre, c'eſt peut-être moins perſuaſion & attachement, qu'indifférence & négligence à s'inſtruire; mais les préjugés & les abus n'en ſubſiſtent pas moins dans toute leur force & dans toute leur étendue. Or, tant que ces préjugés ſubſiſtent, nulle docilité, nulle réforme à eſpérer.

Ce n'eſt donc pas aſſez de propoſer de bonnes pratiques, de nouvelles pratiques plus ſûres & meilleures que les anciennes, il faut encore diſcuter ces dernieres & en démontrer le vice. C'eſt une tâche difficile, mais, à mon avis, indiſpenſable.

Indépendamment de ce premier défaut, qui regarde le fond de l'inſtruction, il y en a un autre dans la forme.

Il n'y a point d'art qui ne ſoit toujours chargé d'un grand nombre de détails, &

que par conſéquent il ne faille étudier avec application pour l'apprendre.

Tous les arts qui contiennent de grandes parties qui, ſouvent elles-mêmes, peuvent ſe regarder comme des arts, ſont ſinguliérement dans ce cas; & ce cas eſt celui de tous les arts principaux de l'économie rurale.

Il faut donc étudier ces arts, de même que tous les autres: il le faudroit d'autant plus, que ces arts ſont les moins connus, les plus intéreſſans & les plus difficiles par le grand nombre de combinaiſons qu'ils exigent; & cependant ce ſont ceux qu'on étudie le moins. On renvoie ce ſoin à des hommes qui n'ont garde de le prendre; & le manant & le bourgeois ſont auſſi ſavans l'un que l'autre.

Il ſemble qu'un art, dès qu'il eſt, ou peut devenir rural, ne ſoit plus digne des hautes attentions; ou que, quoiqu'eſſentiellement très-composé, on doive le deviner ou l'entendre au premier mot.

Il arrive de-là, que les uns ne liſent pas, & que les autres liſent trop, ou du moins liſent trop à la fois, & qu'en ſomme perſonne n'eſt inſtruit.

Il n'eſt pas aiſé, ſans doute, de changer les hommes; mais il l'eſt, ou au moins il eſt poſſible de changer la maniere & la forme de les inſtruire.

La maniere consiste à détruire à mesure qu'on édifie; & la forme, à donner peu de matiere à la fois, & à instruire long-temps.

Cette forme a une infinité d'avantages. Elle arrête long-temps les yeux du Public sur le même objet, & par-là elle force & perpétue, pour ainsi dire, son attention.

En lui présentant peu de matiere à la fois, il la voit, la médite & la digere infiniment mieux que si on lui en donnoit beaucoup plus; & dès-là, elle lui profite, & il est instruit.

Les avantages de cette forme d'instruction ne se bornent pas là; elle met encore le Public judicieux à portée de proposer ses difficultés ou ses objections; & l'Auteur dans le cas de les éclaircir publiquement de les résoudre, & de faire valoir ou de défendre, au besoin, son ouvrage dans son propre ouvrage.

J'avoue que cette forme d'instruction rendra nécessairement les ouvrages plus volumineux, & que les ouvrages volumineux sont peu faits pour le vulgaire des Cultivateurs; mais aussi les ouvrages, en général, ne sont-ils pas ce qu'il faut à ces sortes d'hommes; c'est l'exemple, c'est l'instruction orale & familiere.

Mais comment les Corps provinciaux, les Seigneurs des terres, les Curés & tous les états appellés à donner cet exemple & cette instruction, ou à les exciter & à les faciliter; comment le pourront-ils & le voudront-ils, si l'instruction qui leur est proposée est incomplette, & ne les satisfait pas eux-mêmes?

De-là vient sans doute, en grande partie, que les personnes mêmes les plus zélées pour l'instructions, la négligent.

Cependant rien de plus nécessaire que l'instruction, ni de plus digne qu'elle, du zele & de la vigilance de toutes les personnes chargées, ou qui ont intérêt de la répandre.

L'instruction, soutenue de l'exemple, vaut seule plus que tous les bienfaits ensemble.

Quels bienfaits, en effet, en les réunissant tous, pourroient jamais, à ne regarder même que le pauvre, se comparer aux effets secourables de la seule amélioration & de la conservation de la plus riche de nos récoltes?

Cependant combien d'autres objets l'instruction ne pourroit-elle pas encore embrasser? Combien d'autres biens ne pourroit-elle pas faire encore?

Par l'instruction, on pourroit économiser chaque année trente à quarante millions de faux frais, aux Pays de vignobles, & augmenter la récolte d'un quart, ou tout au moins d'un cinquieme. Cela eſt certain, & je le démontrerai par des expériences préciſes & ſuivies.

On pourroit, à la faveur de l'inſtruction & d'une adminiſtration mieux raiſonnée & plus ſage, dans l'emploi des terres & la pratique de toutes les parties rurales, faire baiſſer conſidérablement, & en peu d'années, le prix de toutes les ſubſiſtances, au grand avantage de toutes les claſſes de l'Etat, & en particulier de tout le pauvre peuple.

J'ai démontré la certitude du plan que j'ai propoſé pour cela, & je l'ai démontré non ſeulement par les principes les plus conſtants & les plus unanimes dans l'Agriculture, mais encore par des faits & des autorités qui n'ont point été attaqués, & qui, s'ils l'avoient été, auroient été apparemment bien défendus.

Or, je le demande, quels bienfaits, quels ſecours, quels établiſſemens de piété ou de bienfaiſance pourroient jamais remplacer l'inſtruction, & repréſenter, je ne dis pas tous ſes avantages, mais le moindre de ſes avantages?

Il n'eſt donc pas de moyen plus efficace que l'inſtruction, pour ſoulager le peuple; comme il n'en ſeroit pas de plus commode & de plus ſûr, pour l'inſtruire

& lui faire goûter l'instruction, que la forme légere que j'ai choisie.

Ayant peu à lire à la fois, il est à croire qu'un certain ordre de Cultivateurs se porteroit plus volontiers à lire & à étudier une leçon qui ne contiendroit que deux ou trois feuilles au plus, qu'un Ouvrage entier qui en contiendroit vingt à vingt-cinq.

Je ne sais pas au juste le nombre de feuilles que prendra le Cours complet des Leçons que j'entreprends; mais je présume qu'il n'en remplira gueres moins que ce que je viens de dire.

Je changerai toute la forme de l'Art des Vins, tel que je l'ai publié en 1775, & j'y ferai beaucoup d'augmentations.

La Grappe sera la matiere de la premiere leçon. Le foulage, les principes de la fermentation, les raisins bouillans, la nécessité souvent indispensable de ces raisins, le temps & la maniere de les employer, la maniere de conduire les cuves ou la fermentation, le temps & la meilleure maniere de couvrir les cuves, avec les raisons qui en prouvent l'utilité, & le plus souvent la nécessité; la couleur des Vins, le décuvage des Vins ou la durée de la fermentation, la maniere de faire les Vins rouges, & de les gouverner, une nouvelle méthode pour faire les Vins rouges fins, une autre pour faire les Vins blancs; tous ces objets, avec un Procédé particulier pour extraire, par une opération facile, quoique recherchée, la partie la plus aqueuſe des Vins, & par-là les rendre plus forts & infiniment moins verds, ſeront la matiere des Leçons ſuivantes, & d'autant de Leçons.

J'appuierai chacune de ces Leçons, des expériences qui me paroîtront les plus néceſſaires pour en prouver la ſolidité.

Je tâcherai de faire en ſorte qu'à l'exception peut-être des Principes ſur la Fermentation, la plus longue de ces Leçons n'ait pas plus de trois feuilles; c'eſt, à peu-près ce que contiendra la ſeconde Leçon, c'eſt-à-dire, la Leçon ſur le Foulage.

Le foulage des raiſins eſt la partie fondamentale de l'Art des Vins; & la perfection de cette opération, une des conditions les plus eſſentielles de cet Art: elle eſt ſi importante, qu'où elle manque, il eſt impoſſible, quoi qu'on faſſe d'ailleurs, que le Vin n'ait beaucoup moins de qualité; mais auſſi, pour être parfaitement exécutée, c'eſt la plus laborieuſe & la plus difficile de toutes les opérations de la manipulation des Vins.

Depuis long-temps je cherchois un moyen de la rendre plus prompte, moins pénible, moins coûteuſe & moins embarraſſante. J'ai trouvé ce moyen, & je le donnerai dans la Leçon du Foulage.

Je me réglerai ſur les diſpoſitions du Public, pour donner plus tôt ou plus tard cette ſeconde leçon. J'en agirai de même à l'égard des Leçons ſuivantes ; mais, en général, je ne mettrai pas moins de ſix ſemaines entre une leçon & une autre.

Les perſonnes qui ſeroient empreſſées d'avoir une ou pluſieurs de ces leçons, pourront, après avoir ſpécifié par écrit les leçons qu'elles deſireront, donner pour toute ſoumiſſion, leur demeure avec leur ſignature ; &, lorſqu'il y aura un nombre ſuffiſant de Soumiſſions, je ferai imprimer.

On paiera chaque Leçon en la retirant, & on ne recevra point le prix d'avance.

Ces conditions ſeront, en tout point, les mêmes pour l'art de la Vigne, que je donnerai ſous le titre d'avis à tous les Pays de vignobles, ou Leçons ſur toutes les parties de l'Art de la Vigne, *&c.* & pour la ſeule Richeſſe du Peuple, ou Moyen de faire baiſſer le prix de toutes les Subſiſtances.

Toutes les Leçons ſur la Vigne ſont preſqu'entiérement achevées.

La ſeule Richeſſe du Peuple, en trois feuilles, eſt en vente chez *Gobreau, Libraire, Quai des Auguſtins, & chez Muſier, Libraire, rue du Foin St. Jacques.*

L'objet de cet Ouvrage eſt l'aiſance publique, ſeule richeſſe du peuple. Les principes de cette aiſance ſe trouvent principalement dans le meilleur emploi des terres, dans la proportion relative des différentes cultures & des différentes productions, dans une meilleure adminiſtration des beſtiaux & en général de toutes les branches de l'économie rurale.

Mais, comme la perfection de cette adminiſtration & l'aiſance publique, qui en eſt l'objet, dépendent d'une infinité de cauſes, étrangeres, ou non, à l'agriculture, toutes ces cauſes entrent néceſſairement dans mon plan; auſſi ai-je déjà des augmentations aſſez conſidérables à y faire. Je les partagerai en différentes lettres; mais je ne les donnerai, & les Leçons ſur la Vigne, qu'autant que j'aurai des Soumiſſions pour les unes ou pour les autres; en un mot, qu'à raiſon de l'empreſſement du Public, marqué d'une maniere ou d'une autre.

DÉCRET de la Faculté de Médecine de Paris.

LE lundi, 5 Février 1772, la Faculté de Médecine a entendu le rapport de MM. Macquer, Roux & d'Arcet, qu'elle avoit chargés de lui rendre compte des Mémoires qui lui avoient été présentés par M. Maupin, sur les Moyens de perfectionner le Vin & de remédier particuliérement à sa verdeur dans les années où les raisins n'ont pu acquérir une maturité suffisante. Le détail fait par MM. les Commissaires, *prouve incontestablement* l'efficacité de la méthode proposée pour corriger en partie, & souvent même entiérement la verdeur des Vins, & pour les rendre moins mordans & plus parfaits à tous égards. Une boisson aussi générale, privée de son défaut le plus commun, & augmentée de qualité, devient un objet également précieux pour la santé & pour le commerce. Les Vins bien préparés & de bonne espece seront toujours conseillés préférablement à tous autres, par les Médecins, qui ne s'occupent pas moins à prévenir les maladies qu'à les combattre; & le commerce, tant intérieur qu'extérieur des Vins de France, sera d'autant plus en faveur, qu'ils deviendront supérieurs en qualité.

Il n'est pas douteux que les Vignobles doivent se porter à jouir de ces avantages, & à les répandre dans la société, puisqu'il ne tient absolument qu'à eux, *&c.*

Ces motifs ont engagé la Faculté à approuver unanimement les découvertes de M. Maupin, comme capables de prévenir les maux réels & fréquens occasionnés par les Vins d'une mauvaise qualité, & de procurer un bien continuel à l'Etat & au Public. Elle a donc cru devoir donner le témoignage le plus avantageux des lumieres & des travaux de l'Auteur, au Ministre, que son zele & sa sagesse ont engagé à demander sur cet objet important, le sentiment de la Faculté de Médecine.

Signé, L. P. F. R. LE THIEULLIER, Doyen.

Lettre de M. DE LA GALAISIERE, ci-devant Intendant de Lorraine, & actuellement d'Alsace.

A Nancy, le 15 Novembre 1775.

DEPUIS le moment, Monsieur, où je vous ai appellé dans mon Département, pour y faire l'essai de vos Procédés relatifs à la façon des Vins, j'ai différé de m'expliquer sur leurs effets, parce que je voulois en être assuré bien précisément; ce qui exigeoit au moins une année d'expérience. Je me crois aujourd'hui assez instruit pour vous annoncer que les Vins de la récolte de 1774, faits dans cette Province, d'après votre méthode & sous votre direction, sont *infiniment supérieurs à tous ceux des mêmes cantons, fabriqués suivant la maniere usitée. Ils ont plus de feu, plus de corps, & paroissent destinés à se conserver beaucoup plus long-temps.* J'ai fait suivre encore vos Procédés cette année, & je crois, autant qu'il est possible de juger d'un Vin fait aussi récemment, qu'il aura la même supériorité que celui de la récolte derniere. Je vous rends avec grand plaisir ce témoignage, qui remplit d'autant mieux vos vues, *qu'il est donné en plus grande connoissance de cause.* Signé, DE LA GALAISIERE.

Autre Lettre du même Magistrat.

A Chaumont sur Mozelle, le 14 Juillet 1777.

MON premier soin, en arrivant ici, Monsieur, a été de m'assurer de l'état des Vins que vous avez faits sous mes yeux en 1774, d'après les Procédés que vous avez publiés. Je dois vous rendre ce témoignage, que ces Vins sont encore très-bons; quoique dans la maniere ordinaire de les faire, ils n'eussent pas pu se conserver plus d'un an. A la vérité, ils commencent à exiger d'être bientôt vendus; mais je regarde comme *un très-grand avantage, de pouvoir, par l'effet de vos Procédés, conserver plus de trois ans, des Vins qui auparavant ne pouvoient passer l'année.*

Je vous dois encore ce témoignage, que tous mes voisins, frappés de cet avantage & de la supériorité de qualité de vos Vins, s'empressent de suivre votre méthode; de façon, Monsieur, qu'il est très-constant que vous avez rendu un très-grand service à cette branche d'agriculture dans ce Pays-ci. Je m'empresse de vous rendre cette justice, & je serai fort aise que ce témoignage, *fondé sur la plus exacte vérité*, puisse vous procurer tous les avantages que vous pouvez en attendre.

Vous observez avec raison... *&c.*

Signé, DE LA GALAISIERE*.

Lettre de M. BERTIN.

A Versailles, le 8 Août 1777.

J'ÉTOIS bien persuadé, Monsieur, que toutes les personnes qui se serviroient de votre méthode pour faire les Vins, ne pourroient que s'en louer. Si vous étiez dans le cas d'en prouver la solidité & les avantages par les principes que vous avez établis, l'expérience est encore venue à l'appui & a bien confirmé les succès qu'on avoit lieu d'espérer de vos procédés: j'en ai vu les effets par moi-même, & je suis instruit d'ailleurs de l'utilité dont ils ont été dans nombre d'endroits: c'est un témoignage que je vous ai déjà rendu dans plusieurs de mes lettres, & que je vous renouvelle avec plaisir. Vous êtes bien le maître de me citer en vous servant de mes lettres & de celles de M. de la Galaisiere, qui justifient toujours mieux *l'excellence de votre méthode, & tout le bien qu'on peut s'en promettre. En vous rendant la justice qui vous est due. . . Signé*, BERTIN.

---

* Antérieurement à cette lettre, au mois de Novembre 1776, le Régisseur de la Terre de M. l'Intendant de Strasbourg m'avoit écrit en 1773. « Les Vins de M. de la Galaisiere ne se font pas vendus » plus de cinq à huit livres la mesure, en bonne année: le Vin fait » du fruit des mêmes vignes, conditionné selon vos principes, » se vend à présent de dix à quinze livres dix sols la mesure, en » bonne année, &c. »

Lettre de M. MARET, Secrétaire perpétuel de l'Académie de Dijon, adressée à l'Auteur des Affiches de Bourgogne, & insérée dans la Feuille du 30 Septembre 1777.

JE suis, Monsieur, depuis *six à sept ans* la méthode de M. Maupin dans la maniere de faire le Vin, & j'ai lieu de m'en applaudir : mes Vins, depuis que j'ai adopté cette méthode, se sont toujours trouvés d'une qualité supérieure à ceux du même climat. *Ceux de 1775, recueillis dans le même vignoble, se sont tous gâtés dans le cours de 1776, & les miens se sont soutenus & se soutiennent encore.* Cet événement a ouvert les yeux de mes voisins ; & le Fermier de la dîme du village où est situé mon domaine, & qui y a lui-même beaucoup de vignes, a pris le parti de suivre mon exemple, & s'en félicite. Quelques Propriétaires du même Pays ont fait de même, & je vois par les nouvelles publiques, que la même méthode a été suivie avec un égal succès dans plusieurs Provinces, notamment en Lorraine, sous les yeux de M. de la Galaisiere. Je suis, &c. MARET.

COURS COMPLET DE CHYMIE SUR LES VINS.

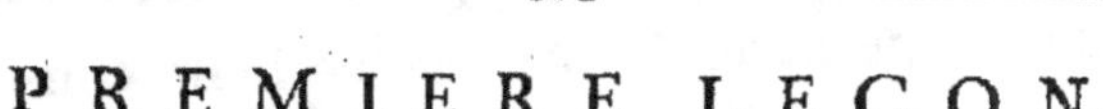

PREMIERE LEÇON.

De la Grappe, ou Rafle.

La premiere opération à faire, lorſqu'il s'agit de procéder à la préparation & à la façon des Vins, eſt l'égrappage, ou l'extraction de la Rafle. Cette opération, ſon utilité, ou ſon préjudice doivent donc, à ſuivre l'ordre naturel des choſes, être le premier objet de l'inſtruction ſur la manipulation des Vins.

C'eſt une grande queſtion de ſavoir s'il eſt avantageux à la qualité des Vins, de dépouiller les raiſins de leur Rafle, ou de la leur laiſſer.

Bien des perſonnes, & même pluſieurs Pays

de Vignobles paroissent persuadés que la Rafle ne peut que nuire à la bonté du Vin, & en conséquence sont dans l'usage de faire égrapper ou érafler leurs raisins.

Dans le premier ouvrage que j'ai publié, au commencement de 1767, sur la manipulation des Vins, j'ai été moi-même de cet avis, que j'ai beaucoup modifié depuis. Tous les Auteurs qui ont écrit, depuis moi, sur les Vins, ont été encore plus loin que moi. Ces Auteurs, M Béguillet, la Société d'Agriculture de Valence en Dauphiné, & quelques autres ont entiérement rejetté la Grappe, ou, peut-être plus proprement dit, la Rafle, comme pernicieuse & décidément contraire à toute bonne qualité quelconque des Vins.

Mais M. l'Abbé Rosier semble avoir été encore plus loin que tous les autres. Si on en croit cet Auteur, dans un Mémoire qu'il a publié en 1772, & qui avoit été couronné en 1770 par l'Académie d'Aix en Provence, la Rafle est toujours nuisible, & jamais nécessaire, jamais utile. Il l'a considérée sous toutes les faces & sous tous les rapports. C'est une erreur nouvelle, un paradoxe singulier, une absurdité insoutenable, que d'attribuer au bois de la Grappe aucune utilité quelconque. Autant, selon M. l'Abbé Rosier, vaudroit mettre du sarment & des feuilles dans la cuve, que d'y mettre la Rafle : il emploie dix pages entieres à décrier cet usage.

Cependant, d'un autre côté, la plus grande partie des Pays de vignobles, & presque tous pratiquent cet usage, & prétendent qu'il est fondé sur de très-bonnes raisons. Les Vins, disent-ils, en sont moins sujets à graisser, & s'en conservent mieux.

J'ignore s'ils en donnent d'autres raisons ; mais ce sont les seules qui m'aient été données, & elles leur suffisent pour prétendre qu'il faut conserver la Rafle, qu'ils conservent en effet, quelles que soient les années & les circonstances ; si ce n'est peut-être quelques vignobles, où les curieux la rejettent dans les années où les raisins ont de la verdeur, & par cette seule raison, sans considérer d'ailleurs, si dans ces mêmes années il n'y auroit pas souvent des raisons plus fortes encore pour la laisser que pour la rejetter.

Mais, à l'exception du petit nombre de Pays de vignobles dont je viens de parler, la plus grande partie des autres regardent la Grappe, ou son acide, comme un des principes conservateurs des Vins ; &, en conséquence, ils laissent la Rafle, comme en général on l'a laissée dans tous les temps, & soutiennent que c'est une erreur nouvelle, un paradoxe singulier, une absurdité insoutenable, que de prétendre qu'il faut en dépouiller les Vins.

Il faut pourtant avouer que le suc de la Rafle étant essentiellement grossier, terreux & dur, comme il l'est, il ne peut communiquer que de l'âpreté & de la rudesse aux Vins qui en sont chargés ; aussi tous les Vins avec lesquels il a fermenté, sont-ils plus durs, plus acerbes, plus tardifs, & en général moins agréables que ceux dont on a pris la précaution d'enlever la Rafle : ainsi, sous ce point de vue, nul doute qu'il ne soit avantageux d'en dépouiller les raisins, avant de les mettre dans la cuve ; & que les Auteurs qui l'en ont bannie, n'aient eu raison.

Mais ces Auteurs qui ont raison, à ne voir les choses que d'un côté, n'auroient-ils pas tort, en les voyant d'un autre ; & les inconvéniens de la Grappe ne seroient-ils pas plus que balancés par ses avantages ? Nous venons de voir ses défauts, voyons maintenant ses propriétés.

La Grappe, à la vérité, durcit les Vins ; mais aussi elle les rend beaucoup plus propres à se conserver : c'est au moins l'opinion générale ; & cette opinion, fondée sur des faits, me paroît également fondée en principes.

On convient, ce me semble, assez généralement, que l'alun retarde la défection des Vins. A Dieu ne plaise que j'approuve & que je conseille l'usage d'un minéral que je regarde comme très-pernicieux : mais, s'il est vrai qu'il ait la propriété qu'on lui attribue, pourquoi l'acide végétal & terreux du bois de la Grappe ne l'auroit-il pas auſſi ? Pourquoi, par ſon affinité avec l'eau & par ſa vertu aſtringente, cet acide ne ſe combineroit-il pas avec l'eau du Vin, n'en abſorberoit-il pas une partie, n'en affoibliroit-il pas la propriété diſſolvante & ſon action continuelle ſur les principes du Vin, dont par-là elle hâte la deſtruction ? Pourquoi, en communiquant ſon aſtriction à la partie aqueuſe du Vin, cet acide n'auroit-il pas le pouvoir de reſſerrer les ſubſtances auxquelles elle ſert de menſtrue, ſoit par ſa combinaiſon avec ce menſtrue, ſoit même par ſa combinaiſon directe & intime avec une partie des principes qu'elle tient en diſſolution ?

En 1768, un Magiſtrat, qui avoit fait exécuter chez lui mes procédés, m'envoya pluſieurs eſſais de ſes Vins & de quelques autres du même lieu, qui avoient été façonnés ſuivant l'uſage du même pays. Ces derniers étoient très-durs & très-âpres, parce qu'ils avoient cuvé beaucoup trop long-temps avec le bois de la Grappe, & que d'ailleurs, ſuivant l'uſage, ils avoient été très-mal foulés, & à contre-temps. Je les coupai avec un cinquieme au total de bonne eau-de-vie d'Endaye, & ces Vins, tout fraîchement faits, en furent adoucis, au point que toute leur dureté diſparut, ce qui apparemment ne feroit pas arrivé, s'il n'y avoit pas eu une combinaiſon directe de l'acide de la Rafle avec la partie inflammable de l'eau-de-vie que j'avois ajoutée à la liqueur : & ce qui ſemble ſur-tout prouver cette combinaiſon, c'eſt que la liqueur, ou autrement dit le Vin, n'avoit qu'infiniment peu, ou même, autant que je peux me le rappeller, n'avoit rien de la ſaveur ni de l'odeur de l'eſprit de vin par lequel je l'avois adouci.

Quoi qu'il en ſoit de ce fait & des raiſons qui le précédent, c'eſt une vérité avouée dans tous les Pays de vignobles, que la Rafle contribue à la durée du Vin; on peut même dire qu'à cet égard il n'y a qu'une voix, & cette voix eſt fondée ſur une infinité d'exemples.

Je pourrois en rapporter pluſieurs qui me ſont perſonnels; mais je crois pouvoir me borner à un ſeul, parce qu'à la Rafle près, tout, en 1766, me garantiſſoit que mon Vin ſe conſerveroit plus long-temps qu'aucun du pays.

Le foulage, qui n'importe pas moins à la durée des Vins qu'à leur bonne qualité, avoit été fait dans le temps le plus convenable & avec le plus grand ſcrupule. La fermentation, non moins néceſſaire que le foulage, à la conſervation des Vins, avoit été grande & réguliere. Mon Vin avoit été tiré plus à propos qu'aucun du pays, & auſſi étoit-il le meilleur, le plus fin, le plus entrant & le plus agréable; mais parce que mes raisins avoient été égrappés, à la vérité, un peu rigoureusement, mon Vin, malgré la faveur de toutes les autres circonstances, a vieilli plutôt, & s'est bien moins soutenu que le Vin de mon Vigneron, qui, quoiqu'assez bien fait, n'avoit pourtant pas été façonné en aucun point aussi bien que le mien. A la fin de 1768, c'est-à-dire, au bout de deux ans, mon Vin étoit presqu'entiérement usé, & l'autre étoit encore plein Vin & dans sa vigueur.

Il est vrai que le mien avoit été potable, pour ainsi dire, dès l'abord, & que celui-là ne l'a été que plus tard; mais toujours est-il certain que ce dernier a conservé sa force beaucoup plus longtemps que le mien, &, par conséquent, que la Rafle favorise, dans un dégré très-marqué, la durée des Vins, puisque, hormis la Grappe, tout le reste étoit en faveur de mon Vin & de sa durée.

Mais non seulement la Grappe favorise la durée des Vins, mais encore elle contribue en beaucoup de cas à leur donner plus de qualité.

Dans les années pluvieuses, & même toutes les fois que par une cause ou par une autre il y a, par proportion aux autres principes, surabondance d'eau dans les raisins, elle en améliore les Vins, & les releve, en leur donnant, par le mêlange de son acide avec les autres substances du mixte, plus de fermeté & un certain caractere vineux, qui leur manque toujours dans les années & les cas dont je viens de parler.

L'année 1764 fut une année assez réguliere, au moins dans le canton où étoient situées mes vignes. Mes vendanges furent faites par un temps favorable : cependant, de deux cuvées, dont l'une étoit égrappée, & l'autre ne l'étoit pas, le Vin de la premiere fut jugé un peu plus présent, & l'autre plus ferme & plus vineux.

Les deux cuvées étoient composées de la même quantité & de la même qualité de raisins ; le temps du cuvage fut le même ; & quand les Vins furent entonnés, je les fis goûter par un homme expert en ce genre, qui, sans savoir aucunement comment ils avoient été traités, en pensa comme moi, & donna la préférence à celui des deux qui n'avoit point été égrappé.

Il est donc certain, ne fût-ce que d'après cette expérience, que j'avois faite par comparaison, & en vue de m'assurer de la vérité, il est donc certain, dis-je, que la Rafle contribue en général à l'amélioration des Vins, comme à leur durée.

Il est encore certain qu'elle aide à la fermentation. Dans l'expérience que je viens de citer, la cuvée non égrappée a sensiblement fermenté plus que celle qui l'étoit. D'ailleurs, si la Rafle seule, sans raisins & sans marc, peut opérer

ébullition

ébullition & chaleur dans l'eau pure qui la contient, pourquoi n'auroit-elle pas la même propriété dans le moût composé d'eau & de principes avec quelques-uns desquels son acide a des affinités & est capable de se combiner ?

Disons donc qu'on doit employer la Rafle, non seulement comme principe améliorateur & conservateur des Vins, mais encore comme véhicule de la fermentation.

Ainsi laissons-la dans toutes les années de bonne & de pleine maturité, parce que les Vins étant d'ailleurs bien faits & bien fermentés, elle prévient le filage des Vins, ou, autrement dit, les empêche bien certainement de tourner à l'huile ou à la graisse.

Laissons-la dans les années & les vendanges pluvieuses, dans toutes les années où il y a pourriture ou moisissure, & toutes les fois qu'il y a surabondance d'eau dans les raisins, soit à raison de la grossiereté de leur espece, soit à raison du peu d'âge du plant. Le Vin des jeunes vignes, sur-tout de la maniere qu'on les gouverne aujourd'hui, est toujours plus aqueux & plus foible que celui des vignes faites, &, à plus forte raison, que celui des vignes qu'on peut regarder comme vieilles.

Laissons-la ; & donnons-nous bien de garde de la séparer des raisins dans tous les cantons & dans toutes les provinces, où les Vins ont encore plus qu'ailleurs, le défaut de ne pouvoir se garder, ou se transporter ; & principalement dans tous les pays, où, à raison de l'assiette des lieux, du peu de profondeur des caves, ou pour toute autre cause, les Vins sont habituellement sujets à se rompre ou à rebouillir ; dans tous ces cas, il est important, il est absolument nécessaire de conserver la grappe.

Il faut encore la laisser, quelles que soient les années, à tous les Vins destinés à être transportés au loin, & plus particulierement à ceux que leur réputation, ou la faveur de la situation des lieux appellent au-delà des mers.

Laissons-la dans toutes les années abondantes, afin de pouvoir réserver une partie des récoltes pour les années suivantes : c'est l'intérêt des grands Propriétaires, de tous les Propriétaires aisés & de tous ceux qui ne le sont pas ; c'est l'intérêt de tous les consommateurs, du commerce & de la nation : c'est, avec l'économie des frais de culture, le seul moyen de prévenir la vilité du prix des Vins & leur trop grande cherté. On peut en voir les raisons dans la préface.

Laissons la grappe, en un mot, parce qu'indépendamment de ce que son extraction est une opération de plus, il est prouvé qu'en bien des cas elle contribue à l'amélioration des Vins, &

qu'elle les rend toujours beaucoup plus propres à ſe conſerver.

Je crois bien que les Vins en ſeront d'abord un peu moins fins, & je ſais que la fineſſe des Vins eſt une de leurs grandes qualités : mais pourtant elle n'eſt pas la ſeule, & des Vins qui n'auroient qu'elle, ſeroient, comme cela ſe voit ſouvent, de très-petits Vins.

Je crois bien encore que la grappe durcit les Vins, par l'âpreté qu'elle leur donne, & que, par-là, elle les rend moins promptement potables.

Mais dans quel dégré, & pendant combien de temps la grappe communique-t-elle ſenſiblement aux Vins tous les défauts dont je viens de parler, *quand d'ailleurs les Vins ſont bien faits ?* C'eſt une queſtion qu'il eſt bon d'éclaircir, afin de réduire, une fois pour toutes, à leur juſte valeur les imputations auſſi vagues que graves qu'on ne ceſſe de débiter contre la grappe. Une pareille queſtion ne peut, ſans doute, être mieux décidée que par les faits : voyons donc ce que diſent les faits.

En 1771, M. l'Abbé Lafont, Prieur commendataire & Seigneur de Ris en Auvergne, fit deux cuvées de Vins.

La premiere lui a rendu près de ſoixante muids de Paris ; elle étoit compoſée de ſa meilleure vendange, & tous les raiſins en avoient été égrappés. Cette cuvée fut traitée à la maniere du pays.

La seconde cuvée ne lui a gueres rendu que sept muids. Suivant ce qu'il me marqua dans le temps, il fit mettre dans cette cuvée le restant de sa bonne vendange, non égrappée, à la quantité de près de trois muids; & le lendemain, après avoir bien fait écraser, sur la maie de son pressoir & au pied seulement, tout le raisin blanc qu'il avoit ramassé, & qui, comme il l'observe, est toujours de beaucoup le plus verd, il fit mettre dans des tonneaux le Vin qui en sortit, & ensuite jetter le mare & toute la rafle de ce Vin dans la seconde cuve. Voilà assurément bien de la rafle; & cependant le Vin de cette seconde cuvée, à la vérité, chauffé, couvert, fermenté & conduit suivant mes principes, s'est trouvé, au moment même, & de l'aveu de ses Vignerons, moins verd, plus agréable & *plus prompt à boire* que le Vin de la premiere cuvée. J'ai donné le détail de cette expérience dans un ouvrage que j'ai publié au commencement de 1772.

Un an après cette expérience, le 31 Novembre 1772, M. l'Abbé Lafont m'écrivit: » J'ai » fait goûter, il y a huit jours, par celui de nos » Commissionnaires qui s'y connoît le mieux, le » Vin de mon expérience, & mon meilleur Vin » de l'an passé (c'est-à-dire, celui qui, à raison de

» la quantité & de la qualité des raisins, auroit dû » l'être); & il se trouve que le premier, fait à la » quantité de sept pieces & demie, *l'emporte de* » *beaucoup* sur l'autre, fait dans une seule cuve, » à la quantité d'environ soixante muids de Paris, » & *promet de se beaucoup mieux conserver*; cependant il a été fait de mon rebut de vendange, » au lieu que l'autre l'a été de raisins choisis, » mais préparés à la façon du pays ».

Ce fait, si décisif en faveur de la Grappe, n'est pas le seul.

En 1772, M. Bertin voulut bien m'admettre à répéter mes épreuves sous ses yeux & sur sa vendange. J'ai rendu compte de cette épreuve dans un Mémoire qui a été imprimé aux frais du Roi en 1773.

La vendange ne fut point égrappée, ou du moins elle ne le fut qu'à la quantité que je jugeai nécessaire pour les raisins bouillans, & pour couvrir la superficie du marc de l'épaisseur d'environ un pouce. Si cette derniere attention n'est pas indispensable, elle est au moins utile; & il est de la prudence de ne pas l'obmettre; c'est pourquoi je la conseille.

La partie égrappée ne formoit pas la sixieme partie de la cuvée, & encore étoit-elle égrappée très-grossierement: cependant, au bout de six mois, quand je goûtai le Vin de cette expérience, il avoit encore un peu de verdeur, mais il n'avoit ni âpreté, ni groſſiereté, ni goût de rafle, quoiqu'elle eût très-fortement fermenté avec le Vin: & je peux répondre d'ailleurs, que, ſi ce Vin laiſſoit encore à deſirer, ce n'étoit ſurement pas du côté de la délicateſſe.

En 1774, M. de la Galaiſiere, alors Intendant de Lorraine, & aujourd'hui de Strasbourg, m'appella dans ſa Généralité. Mes procédés furent exécutés ſur ſes Vins & en ſa préſence. Je dirigeai ſix grandes cuvées de Vins: quelques-unes furent égrappées en partie, mais la derniere ne le fut pas; & néanmoins le Vin de cette derniere cuvée s'eſt trouvé le meilleur, & ſi prompt à boire, que les hommes chargés de le preſſurer ne pouvoient s'en laſſer.

A la vérité la ſupériorité de ce Vin avoit une autre cauſe que la rafle, & je la dirai en ſon lieu; mais toujours eſt-il vrai que, malgré la rafle, le Vin s'eſt trouvé très-agréable, & autant potable que peuvent l'être des Vins nouveaux, au moment même où ils viennent d'être faits. On a vu, dans les lettres que j'ai rapportées ci-devant, & par les atteſtations mêmes que M. l'Intendant d'Alſace m'a fait l'honneur de me donner, quel a été le ſort de ce Vin & de celui des autres cuvées, par rapport à la qualité & à la durée.

D'après ces expériences, auxquelles je pourrois

en ajouter plusieurs autres, il est aisé de se convaincre qu'il y a beaucoup d'exagération ou de mal entendu dans tous les torts qu'on attribue au bois de la grappe, & que ces torts se réduisent généralement à fort peu de chose, de quelque côté qu'on les regarde.

Il n'en est pas ainsi de ses avantages. Je me flatte d'avoir prouvé leur réalité. Il en est un pourtant, dont je n'ai pas encore parlé; c'est la propriété qu'a la rafle, de faciliter la perfection du foulage, chose si nécessaire & si difficile.

Quand les grains sont détachés de la rafle, ils coulent sous les pieds des Fouleurs. Une partie leur échappe, & le foulage en est moins facile & moins parfait; & pourtant, ainsi qu'on le verra, rien de plus nécessaire, comme de plus rare, que le parfait foulage.

Malgré tous ces avantages de la rafle, avouons toutefois qu'il y a un cas où il semble qu'il seroit à propos de la séparer des raisins, supposé qu'il soit certain, comme on le dit & comme on le pense assez généralement, que le goût de terroir qu'ont un grand nombre de Vins, provienne uniquement ou principalement de cette partie de la grappe.

Il est peu de Vins, sur-tout parmi les Vins communs, qui n'aient un goût propre, un goût de terroir Ce goût est plus ou moins sensible, & quelquefois il l'eſt ſi peu, qu'il échappe au plus habile; mais ſouvent il l'eſt au point que, ſuivant ſa nature, les Vins en deviennent inſupportables.

Il ſeroit poſſible, ſans doute, d'en trouver de pareils dans toutes les provinces; mais le pays Meſſin & la Lorraine ſont les ſeules, où jen ai rencontré de cette eſpece.

Je n'entreprendrai point de définir au juſte le goût de ces Vins. Peut-être me ſuis-je trompé, mais je les ai trouvés en général plus amers que durs & âcres.

Je ſais qu'on les fait fort mal; mais combien d'autres, qui n'ont pas le même déboire, & qui ne ſont pas mieux faits? Il eſt donc à croire que le goût particulier de ces Vins provient, en grande partie, du terrein; quoique la mal-façon peut-être n'y ait pas moins de part.

Or, s'il eſt vrai que ce ſoit la rafle qui imprime particulierement aux Vins le goût du terroir qui les a produits, en ce cas il ſemble qu'il ne doive y avoir aucun doute ſur la néceſſité de l'extraction de la rafle. La premiere qualité d'un Vin, c'eſt d'être agréable, ou tout au moins de pouvoir ſe boire ſans répugnance.

Je penſe donc que toutes les fois que la rafle, par ſa fermentation dans la cuve, peut faire contracter aux Vins un goût révoltant ou bien ſenſiblement déſagréable, *autre que celui de la rafle*, il est à propos, en général, de la séparer des raisins, à moins que d'autres considérations plus fortes, & telles principalement que celle de la plus longue durée des Vins, ne doivent l'emporter; ce qui dépend des circonstances qu'il est toujours bon de consulter.

Ce n'est pas qu'en certaines années & dans certains crûs, & sur-tout dans les crûs supérieurs, les Vins, dont on a enlevé toute la grappe, & à plus forte raison ceux dont on n'en a enlevé qu'une partie, ne puissent très-bien se conserver, quand ils sont bien faits; j'en ai l'expérience: mais, indépendamment des autres torts que leur fait l'extraction de la rafle, c'est que bien constamment, toutes choses égales, ils se conservent beaucoup moins long-temps que quand on la leur a laissée; & qu'en général ils sont moins forts de vin.

D'ailleurs ce goût de terroir, & tous les autres défauts qu'on reproche à la rafle, ne lui sont pas si inhérens, & n'en sont pas une suite si nécessaire, qu'on ne puisse les prévenir ou au moins les rendre beaucoup moins sensibles.

Si tous les raisins étoient mieux foulés, ou écrasés; si la fermentation étoit plus parfaite, & les Vins tirés plutôt ou plus à propos, tous ces défauts disparoîtroient, ou marqueroient infiniment moins.

Il eſt à croire auſſi que, dans bien des cas, on pourroit, comme on le verra dans le chapitre des Raiſins bouillans, corriger & même emporter entiérement le goût de terroir, & en général tous les mauvais goûts naturels des Vins. Ce ſeroit à l'art à réformer la nature, & juſqu'à préſent l'art uſité a fait tout au rebours ; mais auſſi quel art que cet art?

APPROBATION.

J'AI lu, par ordre de Monseigneur le Garde des Sceaux, un Manuscrit qui a pour titre; *Cours complet de Chymie Economique*, &c. il ne contient rien qui doive en empêcher l'impression.

Fait à Paris, ce 26 Avril 1779.

LEBEGUE DE PRESLE.

PRIVILEGE DU ROI.

LOUIS, PAR LA GRACE DE DIEU, ROI DE FRANCE ET DE NAVARRE, A nos amés & féaux Conseillers, les Gens tenans nos Cours de Parlement, Maîtres des Requêtes ordinaires de notre Hôtel, Grand Conseil, Prévôt de Paris, Baillifs, Sénéchaux, leurs Lieutenans Civils, & autres nos Justiciers qu'il appartiendra: SALUT, notre amé le sieur MAUPIN, Nous a fait exposer qu'il désireroit faire imprimer & donner au Public, un Ouvrage de sa composition, intitulé, *Cours complet de Chymie Economique-Pratique sur la fermentation spiritueuse des Vins*, s'il Nous plaisoit lui accorder nos Lettres de Permission pour ce nécessaires. A CES CAUSES, voulant favorablement traiter l'Exposant, Nous lui avons permis & permettons par ces Présentes, de faire imprimer ledit ouvrage autant de fois que bon lui semblera, & de le faire vendre & débiter par tout notre Royaume, pendant le temps de cinq années consécutives, à compter du jour de la date des Présentes. FAISONS défenses à tous Imprimeurs, Libraires & autres personnes, de quelque qualité & condition qu'elles soient, d'en introduire d'impression étrangere dans aucun lieu de notre obéissance: A LA CHARGE que ces Présentes seront enregistrées tout au long sur le Registre de la Communauté des Imprimeurs & Libraires de Paris, dans trois mois de la date d'iceles que l'impression dudit ouvrage sera faite dans notre Royaume & non ailleurs, en bon papier & beaux caractères, que l'Impétrant se conformera en tout aux Réglemens de la Librairie, & notamment à celui du 10 Avril mil sept cent vingt-cinq, à peine de déchéance de la présente Permission; qu'avant de l'exposer en vente, le manuscrit qui aura servi de copie à l'impression dudit ouvrage, sera remis dans le même état où l'approbation y aura été donnée, ès mains de notre très-cher & féal Chevalier Garde des Sceaux de France le Sieur HUE DE MIROMÉNIL; qu'il en sera ensuite remis deux exemplaires dans notre Bibliotheque publique, un dans celle de notre Château du Louvre, un dans celle de notre très-cher & féal Chevalier Chancelier de France le Sieur DE MAUPEOU, & un dans celle dudit sieur DE MIROMÉNIL. Le tout à peine de nullité des Présentes: DU CONTENU desquelles vous MANDONS & enjoignons de faire jouir ledit Exposant, & ses ayans causes, pleinement & paisiblement, sans souffrir qu'il leur soit fait aucun trouble ou empêchement. VOULONS qu'à la copie des Présentes, qui sera imprimée tout au long, au commencement ou à la fin dudit ouvrage, foi soit ajoutée comme à l'original. COMMANDONS au premier notre Huissier ou Sergent sur ce requis, de faire pour l'exécution d'icelles, tous actes requis & nécessaires, sans demander autre permission, & nonobstant clameur de haro, charte normande, & lettres à ce contraires. Car tel est notre plaisir. Donné à Paris, le seizieme jour du mois de Juin, l'an mil sept cent soixante-dix-neuf, & de notre Regne le sixieme.

PAR LE ROI EN SON CONSEIL.

LE BEGUE.

Registré sur le Registre XXI de la Chambre Royale & Syndicale des Libraires & Imprimeurs de Paris, n°. 1761, fol. 158, conformément aux dispositions énoncées dans la présente Permission, & à la charge de remettre à ladite Chambre les huit exemplaires prescrits par l'article CVIII du Réglement de 1723.. A Paris, ce 18 Juin 1779.

A. M. LOTTIN, l'aîné, Syndic.

www.ingramcontent.com/pod-product-compliance
Lightning Source LLC
LaVergne TN
LVHW012014160826
845678LV00002B/826